王冶——著绘

中信出版集团 | 北京

图书在版编目（CIP）数据

身体元素你来我往 / 王冶著绘 . -- 北京 : 中信出版社 , 2024.4（2024.10重印）
（爆笑化学江湖）
ISBN 978-7-5217-5736-1

Ⅰ . ①身… Ⅱ . ①王… Ⅲ . ①化学－少儿读物 Ⅳ .
① O6-49

中国国家版本馆 CIP 数据核字（2023）第 086876 号

身体元素你来我往
（爆笑化学江湖）

著 绘 者：王冶
出版发行：中信出版集团股份有限公司
（北京市朝阳区东三环北路27号嘉铭中心 邮编 100020）
承 印 者：北京尚唐印刷包装有限公司

开 本：787mm × 1092mm 1/16 印 张：38 字 数：1000千字
版 次：2024年4月第1版 印 次：2024年10月第3次印刷
书 号：ISBN 978-7-5217-5736-1
定 价：140.00元（全10册）

出 品：中信儿童书店
图书策划：喜阅童书 策划编辑：朱启铭 由蕾 史曼菲
责任编辑：程凤 营 销：中信童书营销中心
封面设计：姜婷 内文排版：李艳芝

服务热线：400-600-8099
投稿邮箱：author@citicpub.com

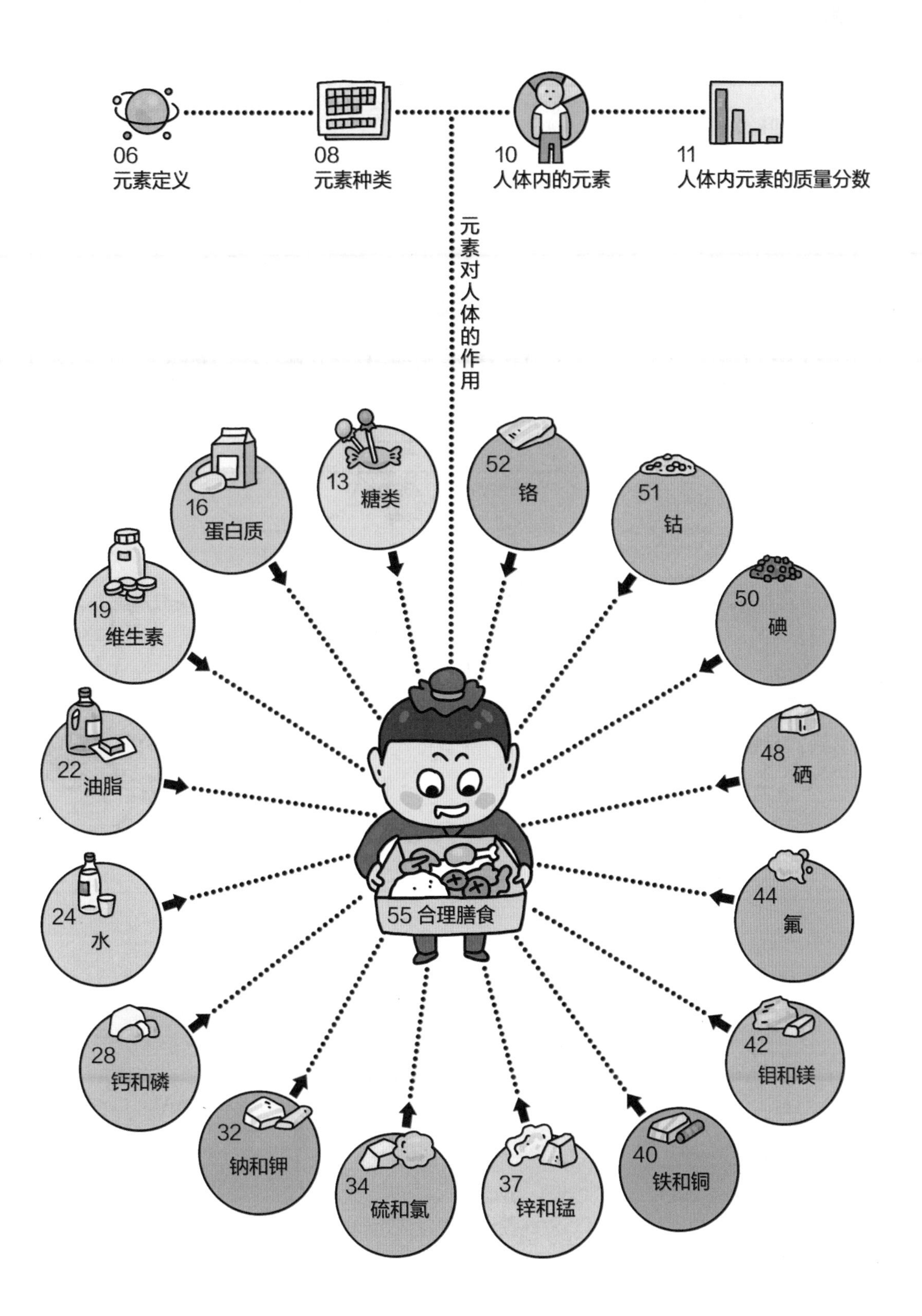
06
元素定义
08
元素种类
10
人体内的元素
11
人体内元素的质量分数
元素对人体的作用
13
糖类
16
蛋白质
19
维生素
22
油脂
24
水
28
钙和磷
32
钠和钾
34
硫和氯
37
锌和锰
40
铁和铜
42
钼和镁
44
氟
48
硒
50
碘
51
钴
52
铬
55 合理膳食

沟通障碍

你知道什么
是物质吗？
我当然知道啊。

这不就是痦子嘛！

那你知道什么是
元素吗？
我当然知道啊。

袁术是东汉末年的
一个军阀呀。
我……我说的
是元素。

你是不是缺锌呀？
你不要骂人！

我没骂人。我指的是
促进大脑智力发育的
锌元素的那个锌！
锌元素？
我不懂。

一时半会儿也跟你解释不通，带你去元素养生馆逛一逛吧！

就是那里，你看！
元素养生馆

这些元素们都有自己的看家本领。

我先给你们讲讲关于元素的故事。

哎呀，那太好了，真是没白来呀。

想要知道什么是元素，需要先想一想：我们身边的物质都是由什么构成的呢？
你们想过这个问题吗？

我没有想过这个问题。

但是有人想过。

物质是由水、气、土构成的。
是金、木、水、火、土构成的。
不对，是由地、水、火、风构成的。
古巴比伦人
古埃及人
古代中国人
古印度人
古希腊人

科学家通过实验和研究，证明了物质是由分子、原子等构成的。
氧原子
水分子
水由水分子构成。一个水分子由一个氧原子和两个氢原子构成。
氢原子

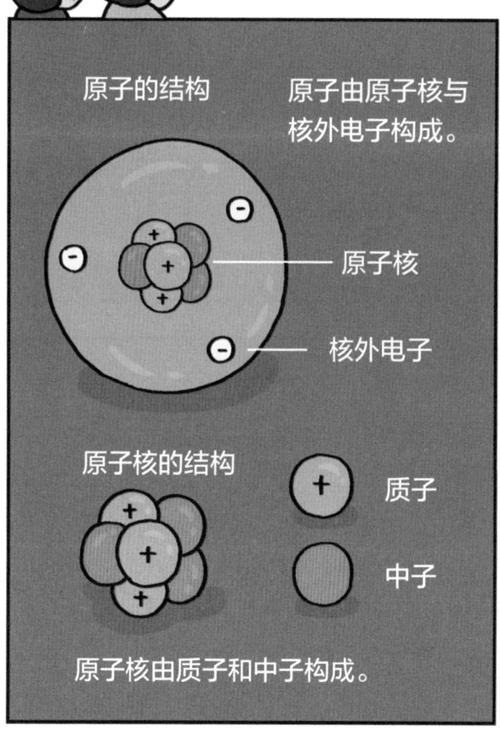
原子的结构
原子由原子核与核外电子构成。
原子核
核外电子
原子核的结构
质子
中子
原子核由质子和中子构成。

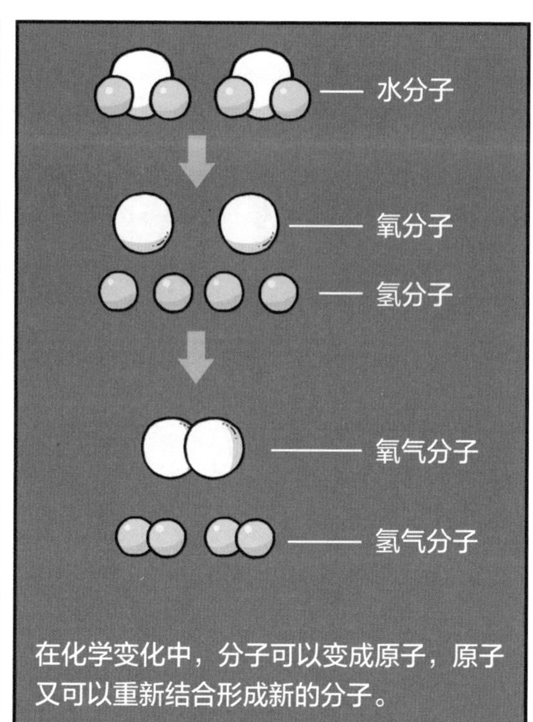
水分子
氧分子
氢分子
氧气分子
氢气分子
在化学变化中，分子可以变成原子，原子又可以重新结合形成新的分子。

元素是质子数相同的一类原子的总称。
质子数为 1 的所有氢原子统称为氢元素。
质子数为 6 的所有碳原子统称为碳元素。
氢
碳

1869 年，俄国化学家门捷列夫总结并发表了第一代元素周期表。

氢	氦	锂	铍	硼	碳	氮	氧	氟	氖
钠	镁	铝	硅	磷	硫	氯	氩	钾	钙
钪	钛	钒	铬	锰	铁	钴	镍	铜	锌
镓	锗	砷	硒	溴	氪	铷	锶	钇	锆
铌	钼	锝	钌	铑	钯	银	镉	铟	锡
锑	碲	碘	氙	铯	钡	镧	铈	镨	钕
钷	钐	铕	钆	铽	镝	钬	铒	铥	镱
镥	铪	钽	钨	铼	锇	铱	铂	金	汞
铊	铅	铋	钋	砹	氡	钫	镭	锕	钍
镤	铀	镎	钚	镅	锔	锫	锎	锿	镄
钔	锘	铹	𬬻	𬭊	𬭳	𬭛	𬭶	鿏	𫟼
𬬭	鿔	鿭	𫓧	镆	𫟷	鿬	鿫	118 种元素	

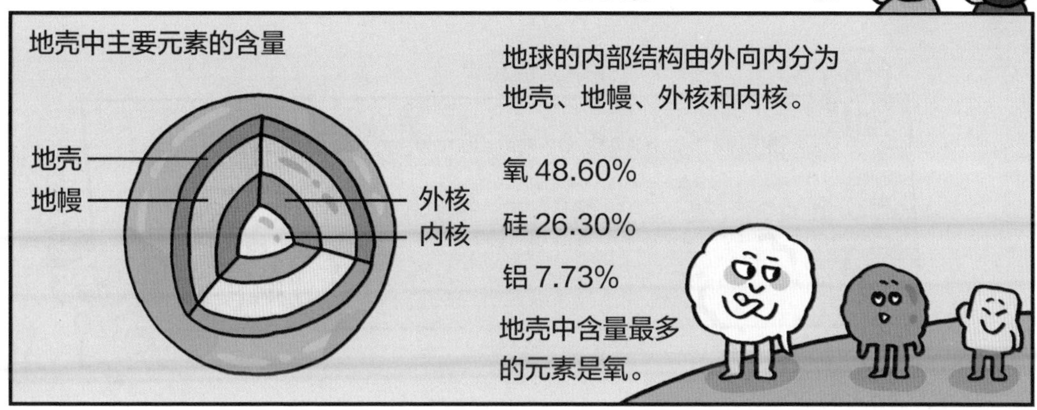
地壳中主要元素的含量
地壳
地幔
外核
内核
地球的内部结构由外向内分为地壳、地幔、外核和内核。
氧 48.60%
硅 26.30%
铝 7.73%
地壳中含量最多的元素是氧。

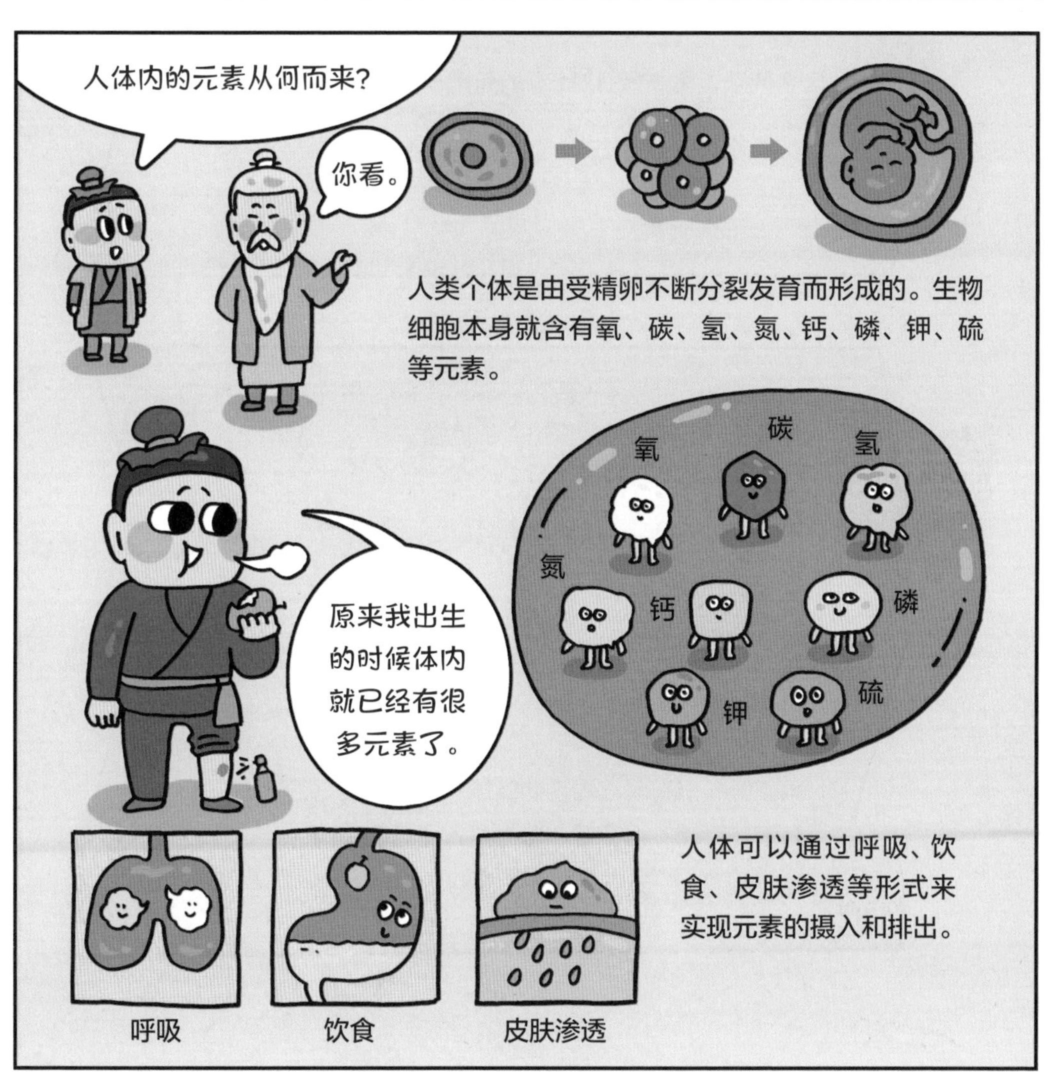
人体内的元素从何而来?
你看。
人类个体是由受精卵不断分裂发育而形成的。生物细胞本身就含有氧、碳、氢、氮、钙、磷、钾、硫等元素。
氧
碳
氢
氮
钙
磷
钾
硫
原来我出生的时候体内就已经有很多元素了。
人体可以通过呼吸、饮食、皮肤渗透等形式来实现元素的摄入和排出。
呼吸
饮食
皮肤渗透

人体内元素的类型

常量元素

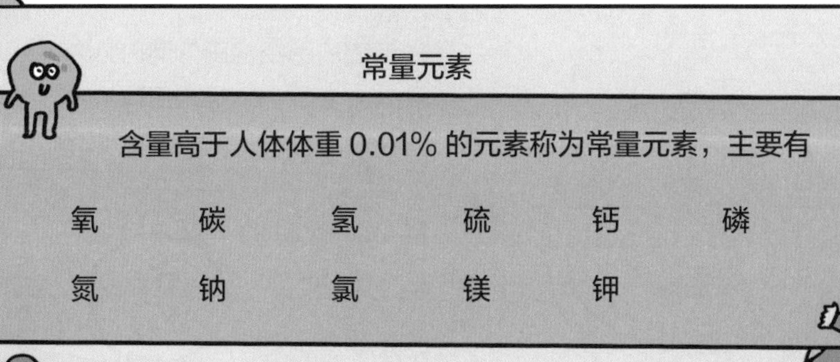

含量高于人体体重 0.01% 的元素称为常量元素，主要有

氧　碳　氢　硫　钙　磷

氮　钠　氯　镁　钾

微量元素

含量低于人体体重 0.01% 的元素，称为微量元素，主要有

铁　铜　锌　锰　钼

碘　硒　钴　铬　氟

必需微量元素

人体新陈代谢或生长发育必不可少的微量元素。每种元素都有一个安全和适宜摄入的范围。

第一类：人体必需的

铁　锌　硒　碘

铬　钴　铜　钼

第二类：人体可能必需的

锰　硅　镍　硼

钒

第三类：具有潜在毒性的微量元素

有潜在毒性，但在低剂量时对人体可能有用。

氟　镉　汞　铅　砷　铝　锂　锡

质量分数 /%
65
18
10
3.0
2.0
1.0
0.35
0.25
0.15
0.15
0.05
0.05
10
5
4
3
2
1
0
氧
碳
氢
氮
钙
磷
钾
硫
钠
氯
镁
微量元素
常量元素
氧元素是人体内含量最多的元素！
人体元素构成比例

人体内含量最多的四种元素——氧、碳、氢、氮轻易不现真身。

唰！

这是要干吗？
是要变身吗？
哇！

我们这四种元素以糖类、蛋白质、维生素、油脂和水的形式存在于人体内。
油脂
糖类
蛋白质
维生素
水

糖类由碳、氢、氧等元素组成。人体内的葡萄糖在酶的催化作用下会转化成水和二氧化碳，同时释放出能量，用来供人体活动，维持体温。
碳
氢
氧

我出来晨跑，没有吃早餐。现在有点心慌、头晕。

我带你去找糖医生。

把他放到床上。

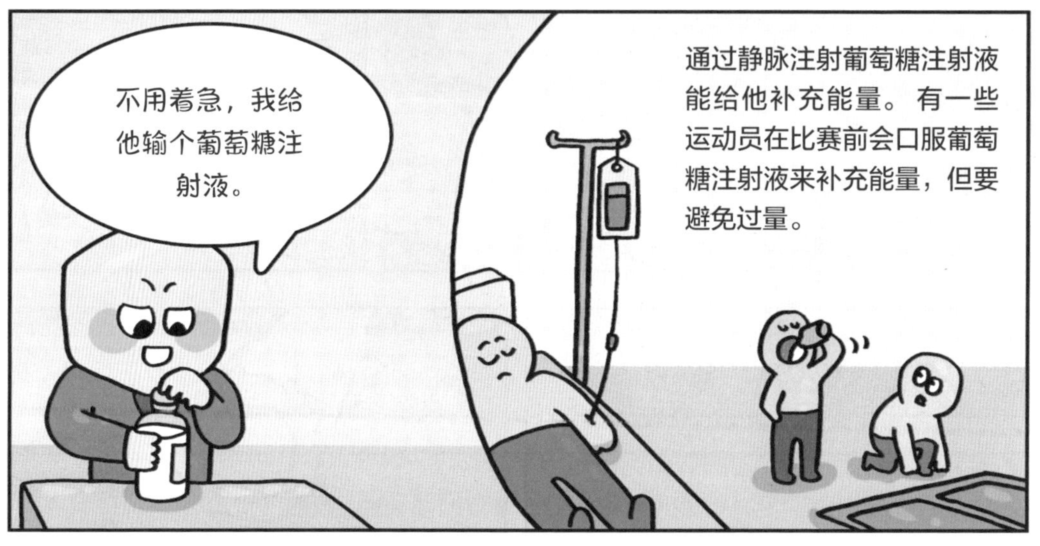
不用着急，我给他输个葡萄糖注射液。
通过静脉注射葡萄糖注射液能给他补充能量。有一些运动员在比赛前会口服葡萄糖注射液来补充能量，但要避免过量。

平时兜里装一点糖果，低血糖头晕的时候吃一点。
这一路背过来，渴死我了。

杯里的饮料真好喝。
什么饮料！那是我要给他用的葡萄糖。

在晨跑或者做其他户外运动的时候要注意气温。最好能携带一些含糖的能量补给食品。在低温环境下，人容易患上低温症，糖类有助于能量补充和维持体温。

低温症是指人体深部温度低于 35 摄氏度的状态，低温症能间接或者直接致人死亡。

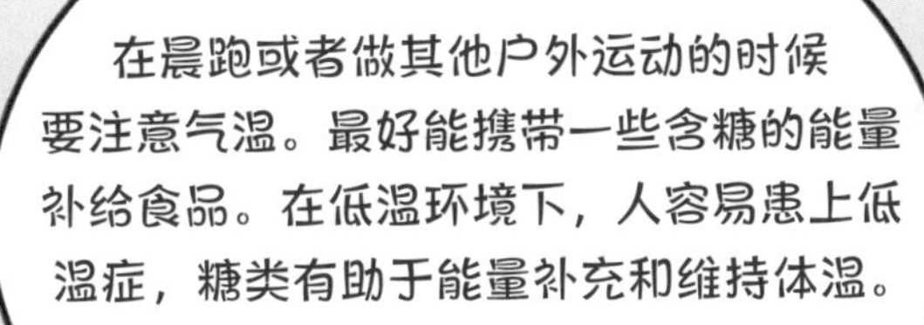

如果处于强风、潮湿、阴雨的环境里，一定要注意保暖。千万不能大意，低温症往往在短时间内就能致人伤亡。

为什么失温死亡的人会在死之前脱掉衣服，甚至还面带笑容？

失温初期：大脑下达命令，收缩体表血管，减少体表血液量。

失温中期：大脑昏迷，失去对血管的控制能力，血液流向体表。

失温后期：冰冷的体表受到体内温热血液的刺激，向大脑发出信号，大脑产生了很热的错觉。因此，人会脱掉衣服，表现出感觉很温暖的样子，面露微笑。

蛋白质

蛋白质由碳、氢、氧、氮等元素组成。蛋白质是人体所需的极其重要的营养物质。机体的生长和受损组织的修复都离不开蛋白质。
碳
氧
氢
氮

你就是蛋白质吗？
你有哪些本事，能给我们展示一下吗？
看好了，分身术！
变！

我们蛋白质分很多种，各有各的功能。

你身上有伤口吗？
有。

我还会伤口
愈合术。

哇，愈合啦！

我嘴唇上有
伤口！

咻！

怎么把他嘴
封上了？
呜呜呜！

哈哈哈！
哎呀，不好意思，
能力释放过猛啦。
呜呜呜！

一氧化碳为什么会让人中毒呢?
我要和它一起玩了，再见。
拜拜。
氧气
血红蛋白
一氧化碳
血红蛋白是人体血液中负责运载氧气的一种蛋白质，它与一氧化碳的结合能力比与氧气结合强 200~300 倍，并且结合之后就不能再与氧气结合。人就会因为一氧化碳中毒，缺氧窒息而死亡。
用炉子取暖的时候一定要保持室内通风。
香烟的烟气中含有非常多的对人体有害的物质，如一氧化碳、尼古丁等。

维生素由碳、氢、氧等元素组成。大多数的维生素不能在人体内合成，需要人从食物中摄取。维生素对维持身体健康有着重要的作用。
碳
氢
氧

最近我一到晚上就看不清东西，是不是缺乏维生素了？
应该是，买点维生素补充补充吧！

能不能便宜点？
行，可以给你们便宜。

那我多买点！

多买那太好了！我算一算价钱。

580 元。

怎么这么
贵啊?
因为维生素不止一种。
你全买的话，当然
贵啦!

哎!别走啊?

你不是缺维生素吗?
买呀!

我现在不是缺维生素
的事了，是缺钱!

维生素A
维生素D
维生素K
维生素B
维生素C
维生素E
维生素P
维生素T
维生素U
维生素已知的有20余种，其中有13种是人体必需的。
我为什么会得夜盲症啊？
你是缺少维生素A了！
维生素A能够合成视紫红质，视紫红质能为视杆细胞提供能量。
A
A
视紫红质
今天怎么没给我做饭呢！我吃什么呀？
好饿啊，没有力气工作。
眼球
视杆细胞
视杆细胞是眼球里感受弱光刺激的细胞。当夜晚光线不足的时候，如果缺乏维生素A，视杆细胞不工作，人便看不见东西。这是夜盲症最常见的病因。

碳
氢
氧
常温下，呈液态的脂肪称为油，呈固态或半固态的脂肪称为脂，两者合称为油脂，是人类体内的主要营养物质。植物油脂多呈液态，陆地动物油脂多呈固态或半固态。

咔嚓！

啊！

多亏了你呀，脂肪师傅。
我们除了储存和供给能量，维持体温这些功能之外……

还有一个作用就是缓冲外界的冲击力，保护内脏。
我朋友呢？

找找他吧。
喂，你在哪儿？怎么不见了？

今天怎么开始跳绳了？
减肥，脂肪太多了。

脂肪是身体的备用能源，多有用啊。看我，有这么多脂肪，多好啊。
肥胖会造成行动不便，还会引发心脑血管疾病。

现在看你还说脂肪多，有好处不？

你不是已经追上他了吗？为什么还要来追我？
他太肥了，我嫌腻。

油脂是维持人体生命活动的备用能源。骆驼驼峰里就储存了很多脂肪。
如果食物摄入量不足，人体就会消耗自身的脂肪来满足生理机能的需求，人就会变瘦。

水由氧元素和氢元素组成。水能调节体内循环，维持人体的正常机能，促进新陈代谢；还能调节体温、滋润皮肤。

水被称为生命之源。

成年人体内的含水量占体重的60%~70%，没有水，人就无法生存。

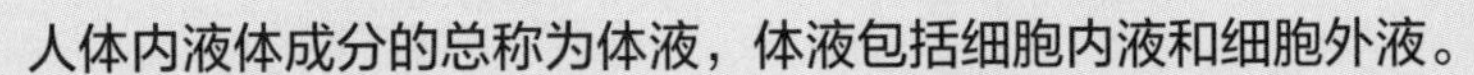

人体内液体成分的总称为体液，体液包括细胞内液和细胞外液。

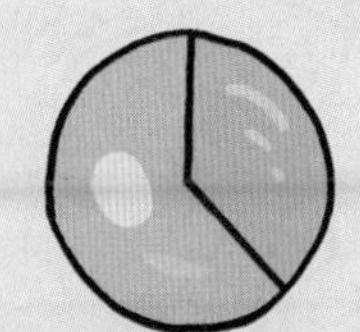

细胞内液
约占人体体重的 40%

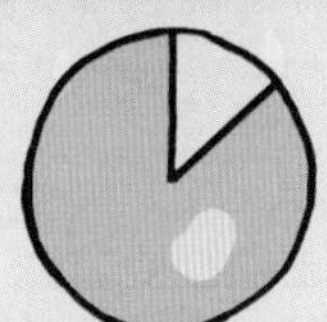

细胞外液
约占人体体重的 20%

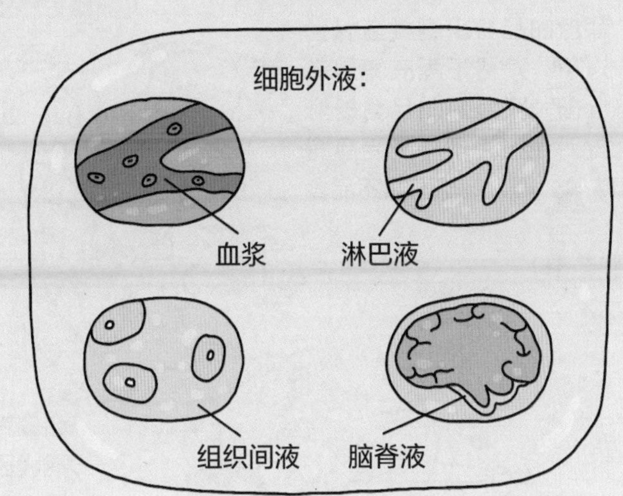

人体内的水含量保持在正常水平时，人体机能正常运转。

如果失去自身体重 15%~20% 的水，人体生理机能就会出现故障，甚至危及生命。

人体的这些器官和组织中都含有丰富的水。

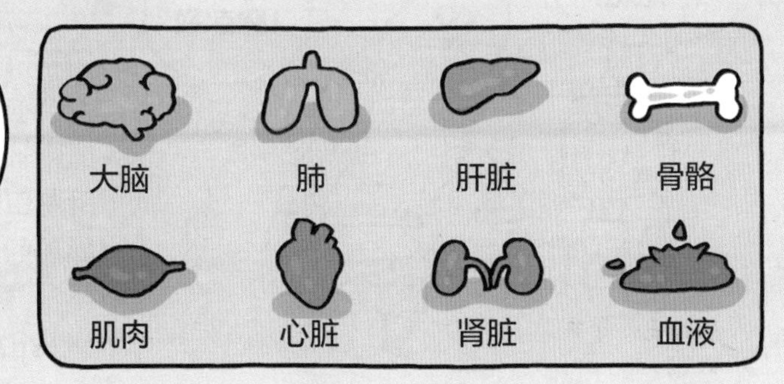

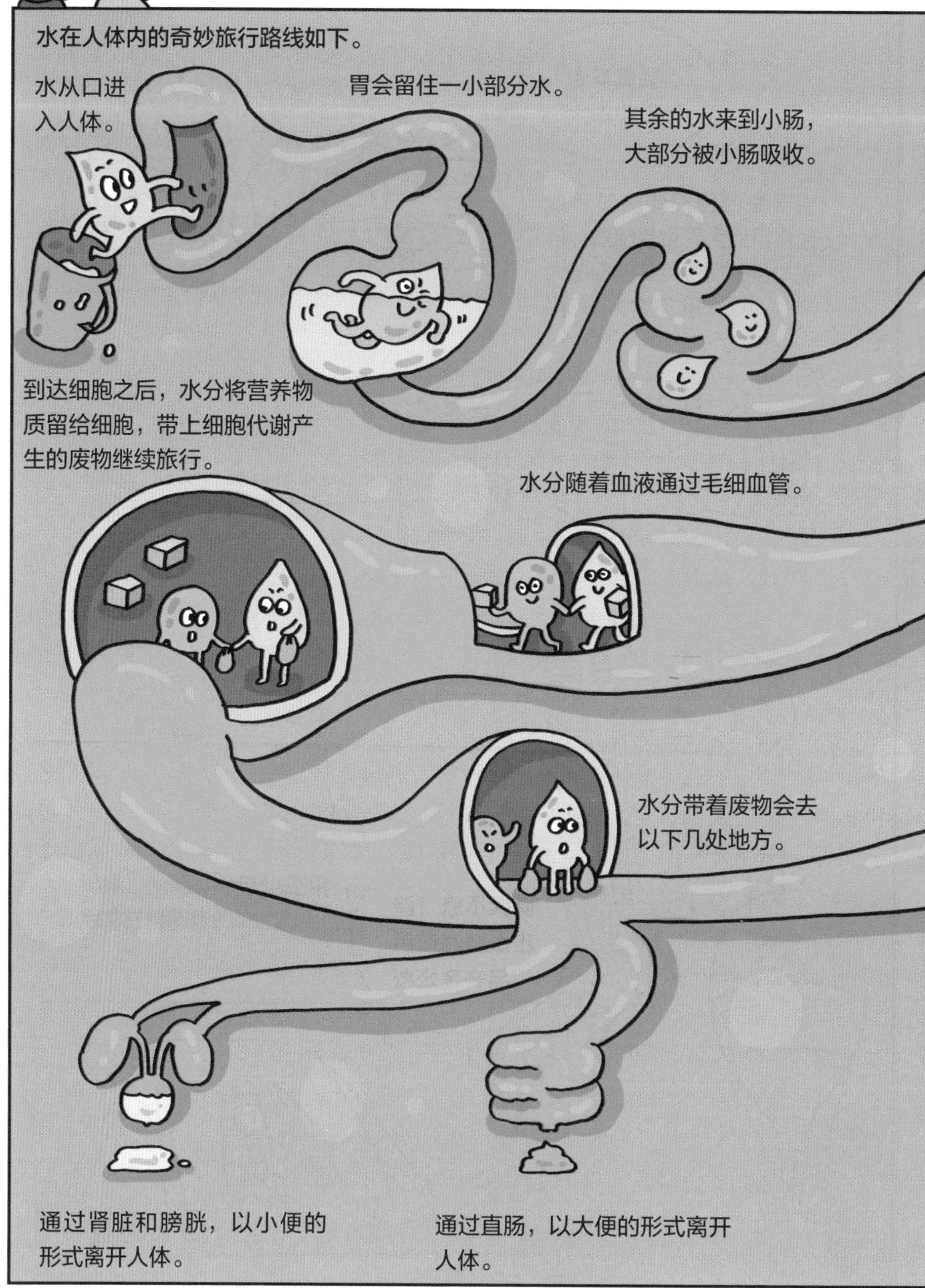
水在人体内的奇妙旅行路线如下。
水从口进
入人体。
胃会留住一小部分水。
其余的水来到小肠，
大部分被小肠吸收。
到达细胞之后，水分将营养物
质留给细胞，带上细胞代谢产
生的废物继续旅行。
水分随着血液通过毛细血管。
水分带着废物会去
以下几处地方。
通过肾脏和膀胱，以小便的
形式离开人体。
通过直肠，以大便的形式离开
人体。

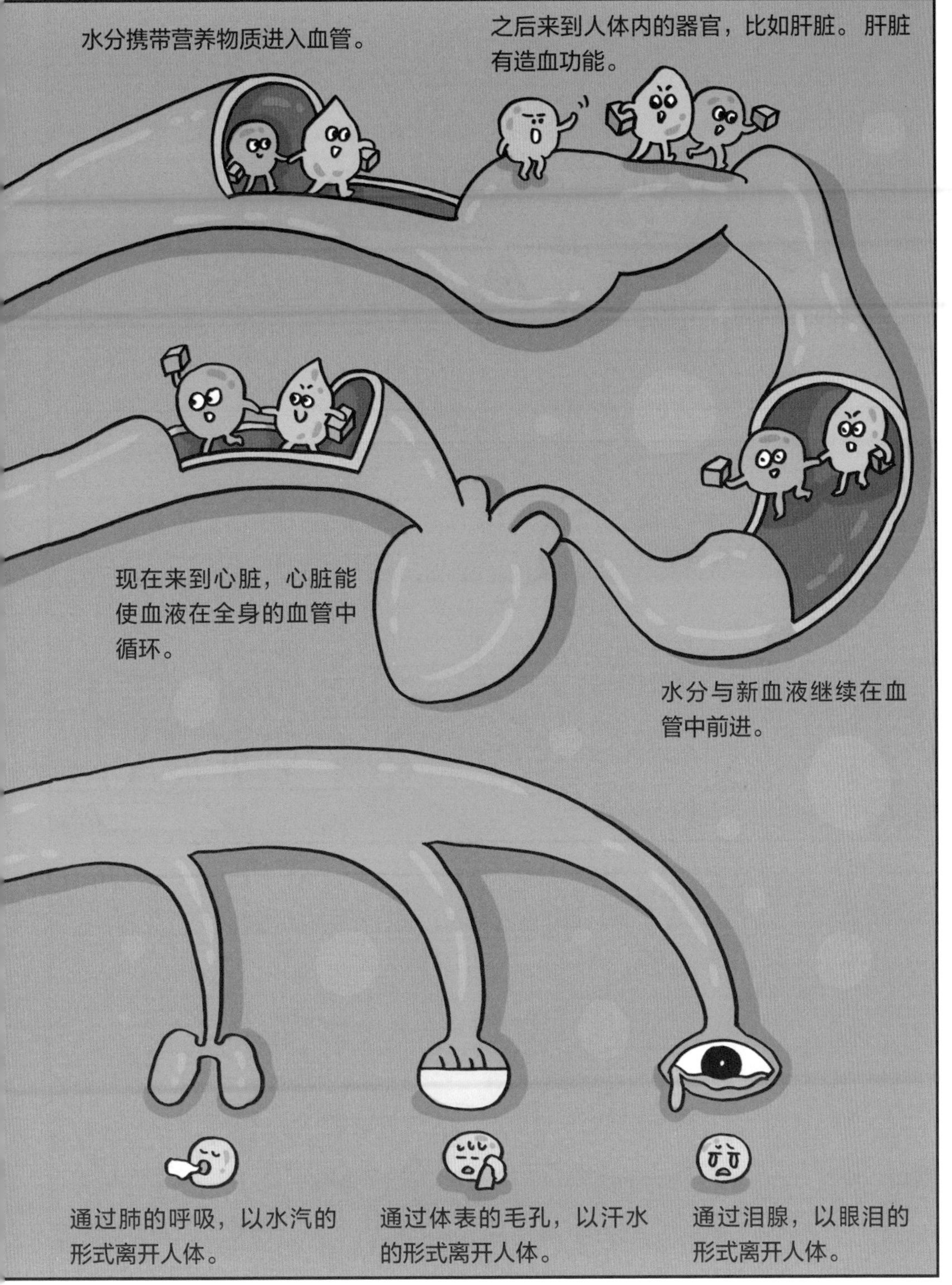
水分携带营养物质进入血管。
之后来到人体内的器官，比如肝脏。肝脏有造血功能。
现在来到心脏，心脏能使血液在全身的血管中循环。
水分与新血液继续在血管中前进。
通过肺的呼吸，以水汽的形式离开人体。
通过体表的毛孔，以汗水的形式离开人体。
通过泪腺，以眼泪的形式离开人体。

钙主要存在于人体的骨骼和牙齿中，血液、细胞液和软组织中也含有钙。
钙
磷
磷存在于人体的所有细胞中，主要集中在骨骼和牙齿里。
嗨，我们是兄弟！
是的，我们是好兄弟！

师傅，
您是在练字吗？
是在练习还是正式地写字呀？
卖不卖啊？

哪来那么多话！为什么要打扰我？
你们真是太烦了！
我俩没说话。

师傅，您去晒晒
太阳吧。

他脾气也太
暴躁了！
师傅最近缺钙，
缺钙时人的脾气
就会变差。

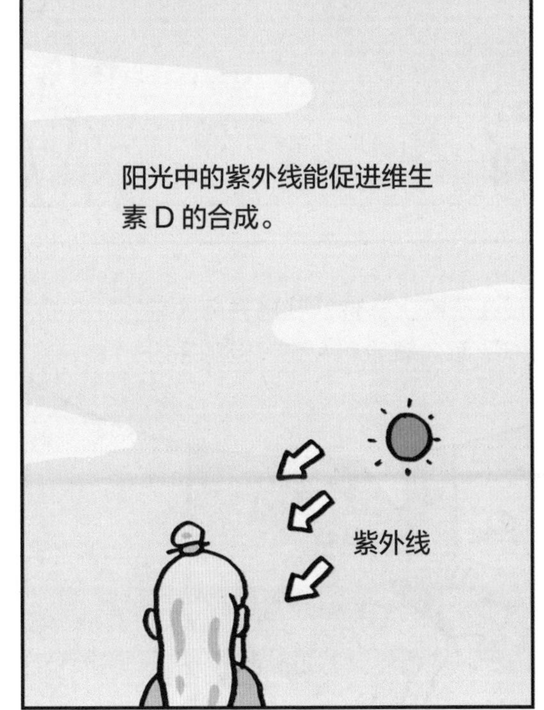
阳光中的紫外线能促进维生
素 D 的合成。
紫外线

维生素 D 能促进人体
对钙的吸收。
D

所以晒太阳就间接起到
了补钙的作用。

钙会让人情绪平稳。放心吧，
他过段时间就能好。
噢，原来如此。

你们等着瞧，师傅的
脾气肯定变好了。

现在是晚上，你让我出去晒太阳？
你是怎么想的啊？过没过脑子呀！
哎呀呀！师傅，不是
我让你去的呀。

为什么说钙和磷是一对好兄弟？因为缺钙会影响人体对磷的吸收，缺磷或者摄入过多的磷也会影响人体对钙的吸收。

钙能够让伤口处血液凝固的速度加快。

钙能让人体的肢体运动更协调，平衡能力增强。

钙能让人精神放松，有利于睡眠。

钙能阻止病毒、细菌进入细胞。

缺钙会让人体骨质疏松，脾气变得不好并且容易失眠。

人的一生都离不开钙元素，每天都应该补充足量的钙。

“鬼火”其实是骨头中的磷在尸体腐烂后形成的磷化氢在空气中自燃所形成的一种现象，不是“鬼魂”。

磷能促进人体对营养物质的吸收，还能刺激激素的分泌。

钠与钾

钠主要存在于人体的细胞外液中。

在人体中钠与钾一起合作，调控水分，这两种元素工作的原理被称为钠钾泵。

钾主要存在于人体的细胞内液中。

钾有助于维持人体神经系统信息的传递。

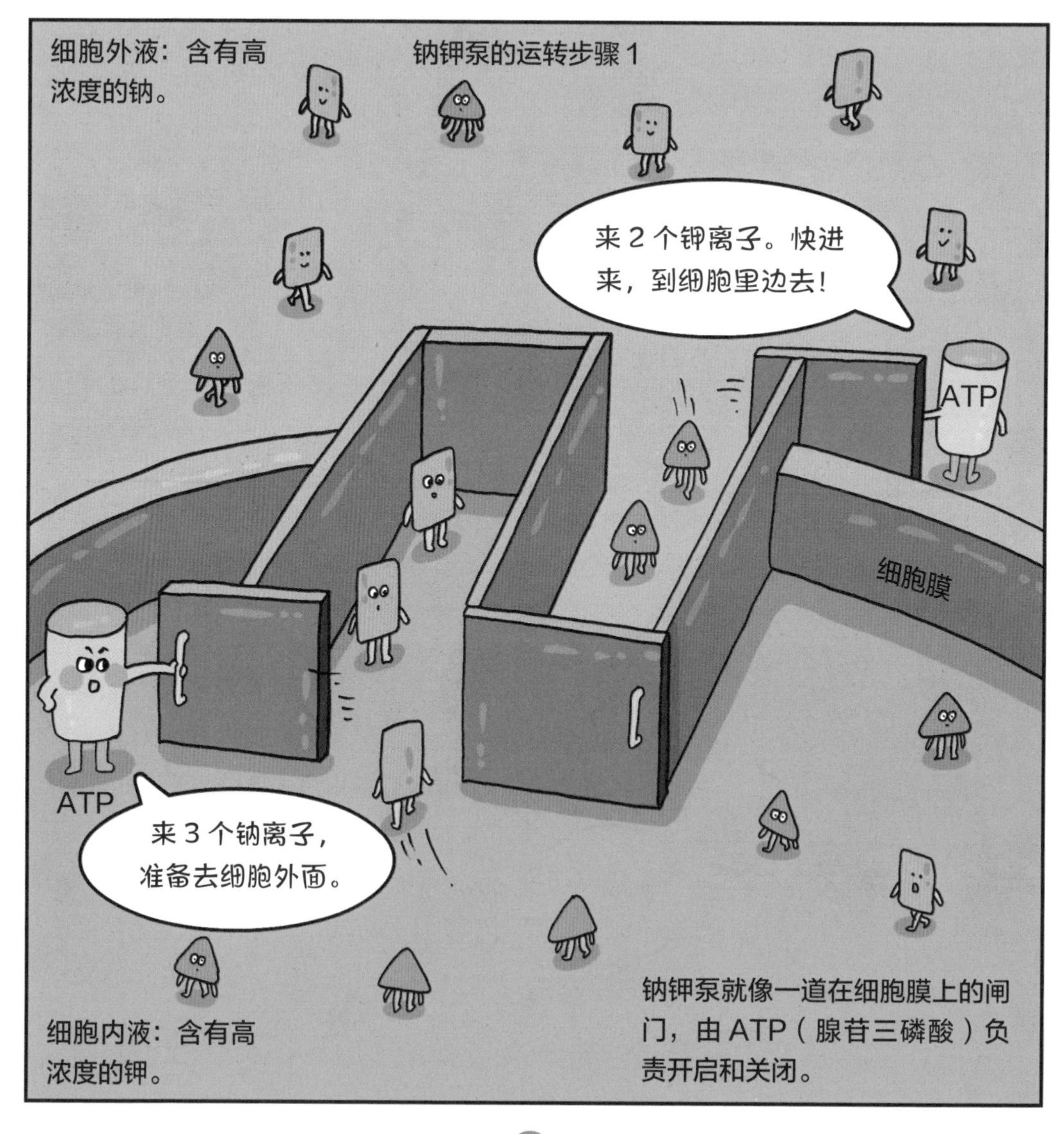

钠钾泵就像一道在细胞膜上的闸门，由 ATP（腺苷三磷酸）负责开启和关闭。

钠过量会导致高血压。

通过补充钾能起到辅助降低血压的作用。

野生的牛羊舔舐岩壁、石头是为了补充钠元素。养殖场内的牛、羊、鹿则多通过舔舐人工盐砖来补充钠元素。

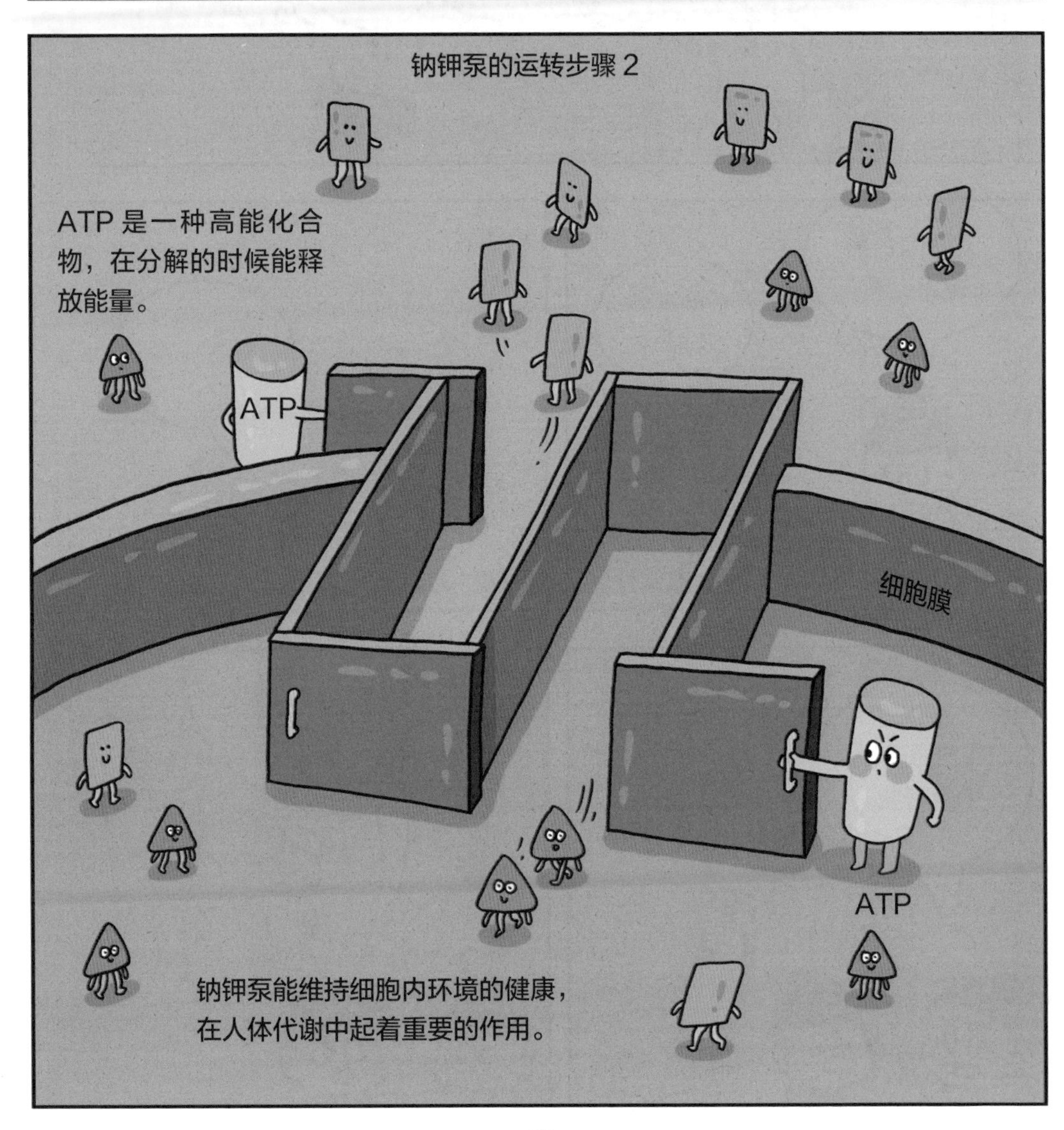

硫存在于人体皮肤、头发、结缔组织中，是组成蛋白质的重要元素。
硫和氯在人体消化功能上起着很大的作用。
氯在人体的细胞内液和细胞外液中均有，它是胃液的成分之一。
硫
氯

这饭菜的量有点少啊。
根本就不够吃。

我有办法。

我觉得硫做的菜好吃。

怎么可能，氯做的比硫强多了。

硫做得好，可惜太少了。你再吃几口就能品出来。
氯做得也好，你要再吃几口也能品出来。

你俩等着，别着急。

叮叮当当！
哗啦！
呲！

哎！咱俩是不是被忽悠了啊！
我感觉是的。
这回算是吃饱了。
太棒了。

你真厉害，你适合开一家美容院。
硫能维护指甲、头发和皮肤的健康与光泽。
好期待我的新发型呀。
怎们样？酷不酷？
像被鞭炮崩了。
氯能维持体液的酸碱平衡，保持机体代谢和器官的正常运转。
硫能促进胆汁分泌，有利于消化，促进新陈代谢。

锌和锰是人体内多种酶的组成成分，同时也是酶的激活剂。
加油！加油！
加油！加油！
锌
锰
酶
锌存在于人体的肌肉、骨骼、肝脏、皮肤和血液中。
锰存在于人体的各种器官组织和体液中。

你们是啦啦队吗？不像呀。
我们是锌和锰，是酶的啦啦队！
元素不可貌相，我们就不能是啦啦队吗？

人体内酶的种类非常多。

那你们的作用是什么？
我们能促进酶在体内发生反应。

馒头越嚼越甜是
因为唾液淀粉酶将淀
粉水解成了麦芽糖。

食物中的蛋白质在
胃蛋白酶等的作用
下水解成氨基酸。

难怪我吃的
这个馒头这
么甜。
你吃的是
糖三角！

原来不是馒头，
是糖三角呀！
食物，你可
看清楚了再
吃呀。

快给他补点吧！
锌能促进机体生长和智力发育。
你们都给我离他远点！
锌能提高机体免疫力，抵抗来自外界的病毒。
补钙的同时，也要记得补锰呀，你的骨质有点疏松。
哎呀，痛痛痛！
锰能促进骨骼的生长发育。
放心吧，我也能让你的伤口尽快愈合。
锌能增强创伤组织的再生能力。
嗯，你的大脑功能运转正常。
锰能保障大脑功能的正常运转。
别担心，我会让你献出的血尽快补充回来。
锰还能促进造血功能，维持糖类和脂肪的正常代谢。

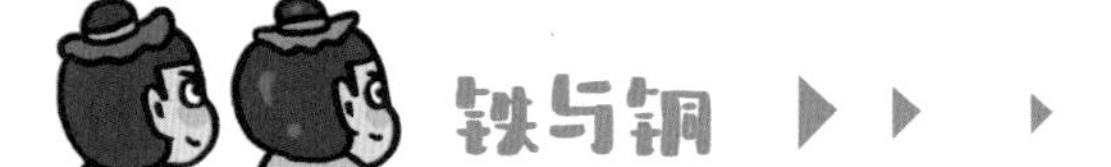

铁和铜能帮助血红蛋白将氧气输送到身体的各个细胞中。

铁主要存在于人体血液里的血红蛋白和肌红蛋白中。

铜主要存在于人体肌肉、骨骼、肝脏和血液中。

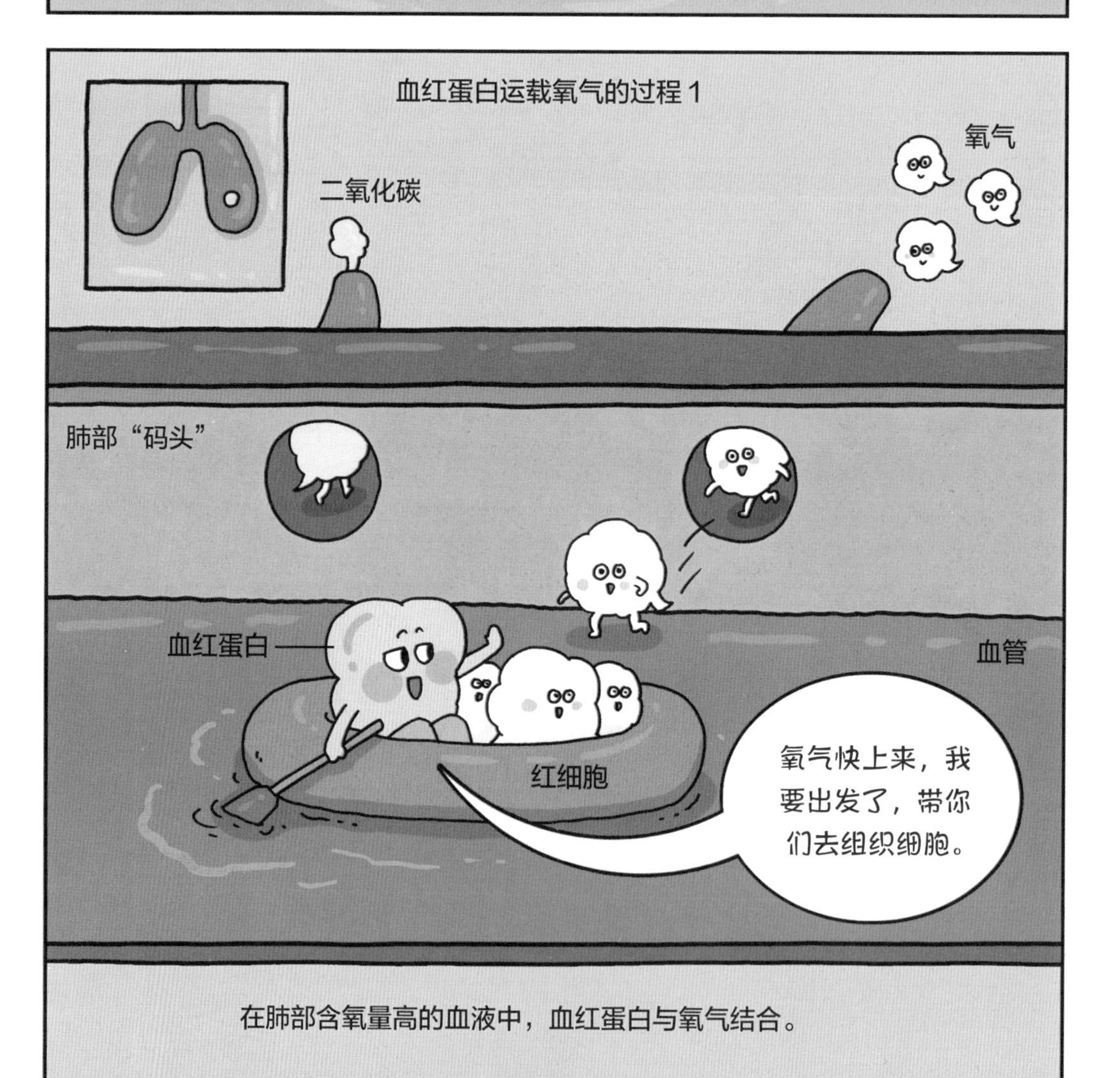

在肺部含氧量高的血液中，血红蛋白与氧气结合。

血红蛋白是红色的，因为含有铁元素，这也是血液是红色的原因。

铜能促进血红蛋白的形成。

如果铁的摄入量不足会导致贫血，浑身没有力气。

过量的铜摄入会导致铜中毒——肾脏、肝脏受损，血压降低。

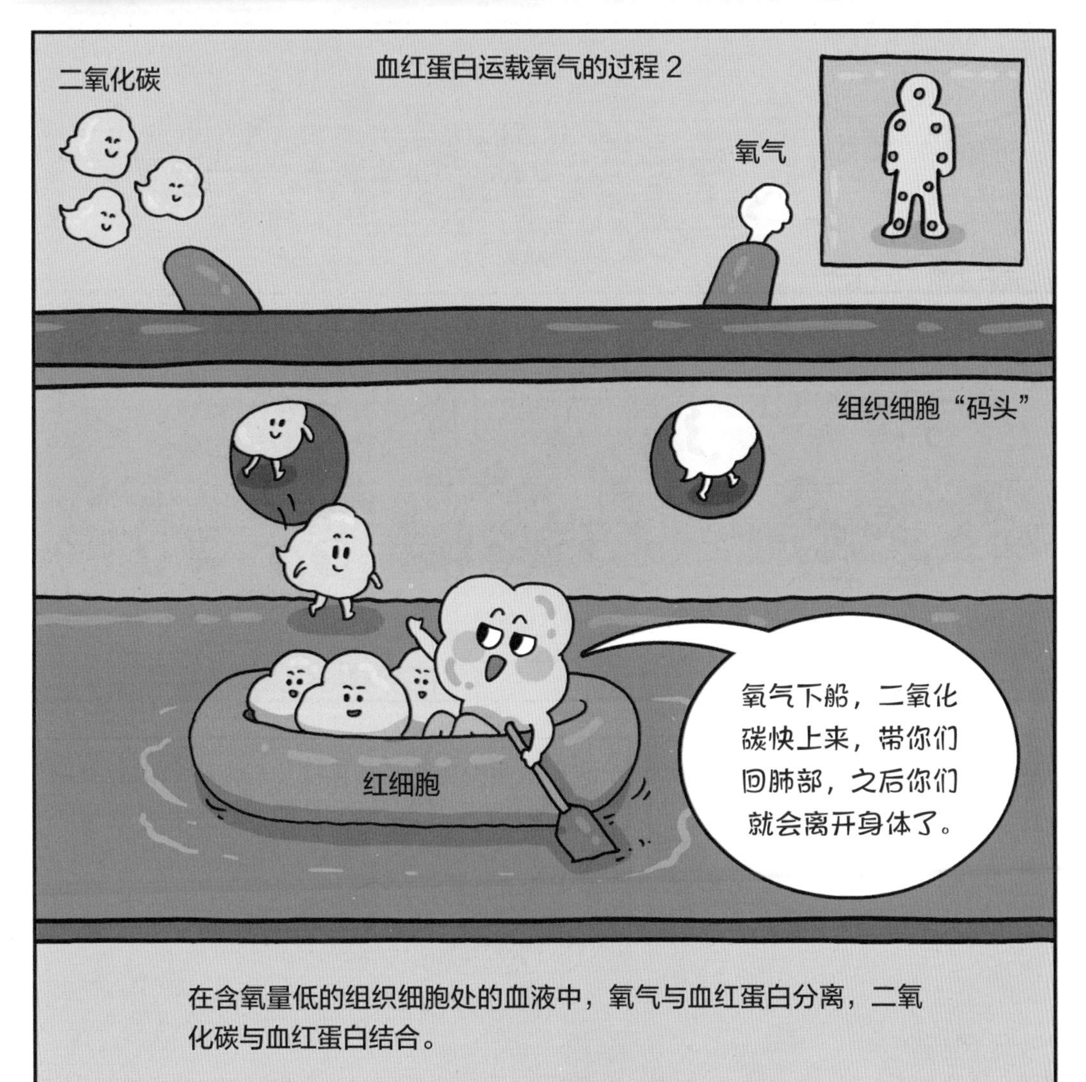

在含氧量低的组织细胞处的血液中，氧气与血红蛋白分离，二氧化碳与血红蛋白结合。

钼与镁

酶
钼
镁
钼主要存在于肝脏和肾脏中。
镁主要存在于人的骨骼、牙齿和软组织细胞中。

哇！它动作敏捷，反应好快！
它是镁，你知道它为什么能这样吗？

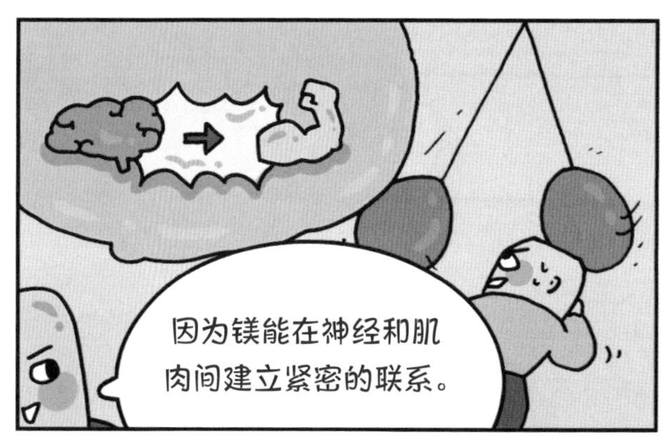

因为镁能在神经和肌肉间建立紧密的联系。

那我要多补充一些镁元素，这些就是吧？
这个不是。

呸呸呸，这是什么东西呀？
是肾结石。

呸！你怎么不早说。
我是钼，我擅长的是抑制结石的形成，这些是我帮镁排出来的结石。

酶是生物催化剂，催化生物体内的各种化学反应。

钼是多种酶的组成成分。

镁是多种酶的活化剂。

钼有防龋齿的能力，
能保护牙齿健康。

镁能促进骨骼的生长。

钼能抑制体内结石的形成，但摄入过量钼会导致动脉硬化。

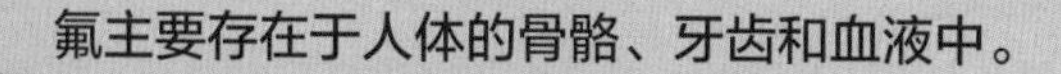

氟主要存在于人体的骨骼、牙齿和血液中。

牙釉质是包绕在牙冠表面上的人体最坚硬的物质，氟可以增强牙釉质抵抗细菌的能力，提高牙釉质强度。

氟有强烈腐蚀性和刺激性。与氟有接触的一些工作，一定要注意防护。

呀，怎么会
这样？
啊，我受伤了！

牙釉质硬是硬，但
是比较脆。你也没
等我说完啊！
哼！

你把我撞碎了，
你就没有什么想对
我说的吗？
啊？

碎……
“岁岁平安”吧！
……

你是不是偷吃
我买的肉了？

我没偷吃。
胡说！我都看
见你牙缝里塞
着的肉了。

还说你没偷吃！

哎呀，我的牙！
原来你是氟斑牙
啊！氟摄入量过多，
会导致牙齿有斑和
变色，还容易断裂。

使用含氟的牙膏刷牙，能够起到保护牙釉质的作用，但过量会产生不良影响。
一定是小时候使用过量了，或者家里的水含氟量过高。

6 岁以下的儿童，如果使用含氟牙膏，要避免氟摄入过量。

摄入过量的氟会导致氟斑牙、骨质疏松。
降低饮用水中的氟含量最简单的办法就是将水煮沸。
摄入适量的氟能预防龋齿。

硒存在于人体肌肉、毛发、血液、肾脏、肝脏等各个组织和器官细胞中。硒元素对人的健康起着特别重要的作用。
都给我过来吧！
硒
有毒金属离子

硒有非常强的与金属元素结合的能力。

硒能与有诱发癌症可能的重金属离子相结合。

形成金属－硒－蛋白质复合物，消除重金属离子的毒性。
金属－硒－蛋白质复合物

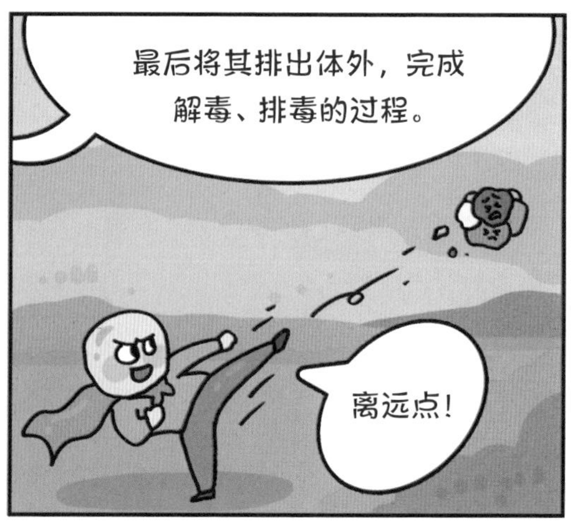
最后将其排出体外，完成解毒、排毒的过程。
离远点！

你一会儿能年轻好多岁！
当然。
硒元素具有抗氧化作用，有防止器官老化与病变的作用。很多护肤品中都含有硒元素。
你的面膜里含有硒吧？
为什么长时间看手机，眼睛就干涩，不舒服？
硒对视网膜具有一定的保护作用，能减少蓝光对视网膜的伤害，还能缓解眼睛疲劳等。
那是因为电子屏幕发出的蓝光波长短、频率高，容易引起视觉疲劳。
硒还能预防和改善眼部疾病，如白内障、青光眼等。
硒对我们的身体健康真是太重要了。
E
以后我再也不长时间看手机和电脑了，学会爱护自己的眼睛。

碘
我最聪明！
碘主要存在于人体的甲状腺中。
碘能维持人体甲状腺的正常功能，被称为人体“智力元素”。

我给你们出一道脑筋急转弯，如果答错你们就从我这儿买点补碘的东西，怎么样？
行啊，你出题吧！

有一个字，人人都会念错，这个字是什么？
错。
错。

你看，答“错”了吧，你们需要补碘哟。

多来点吧！
我们竟无言以对。

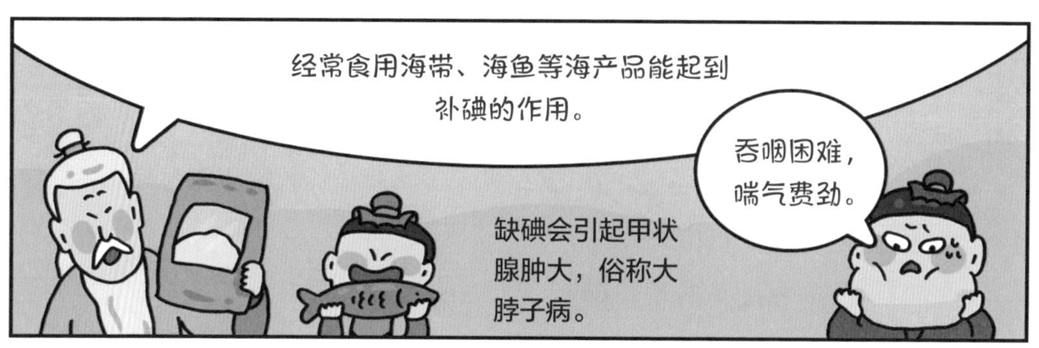
经常食用海带、海鱼等海产品能起到补碘的作用。
吞咽困难，喘气费劲。
缺碘会引起甲状腺肿大，俗称大脖子病。

钴是维生素 B12 的重要组成成分，以维生素 B12 的形式参与机体的生理活动。
钴元素的主要作用是促进人体造血功能。
钴

你是维生素 B12？

我是钴，存在于维生素 B12 中。

我能促进肠黏膜对铁的吸收。

促进红细胞生成素的产生。

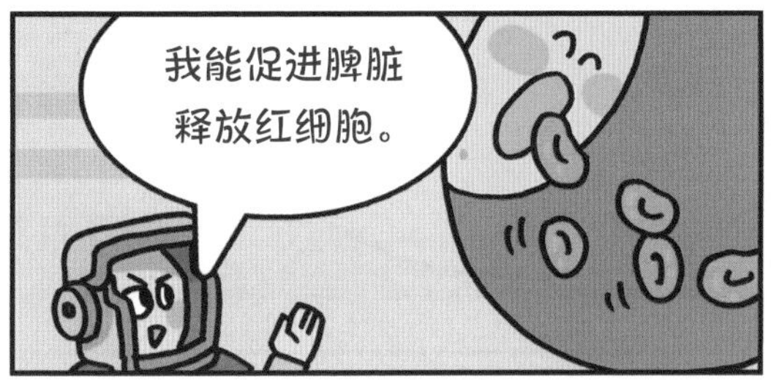
我能促进脾脏释放红细胞。

怎么样，我很厉害吧！造血这方面，我是专家。

那你应该去献血呀！献完很快就能补充回来。

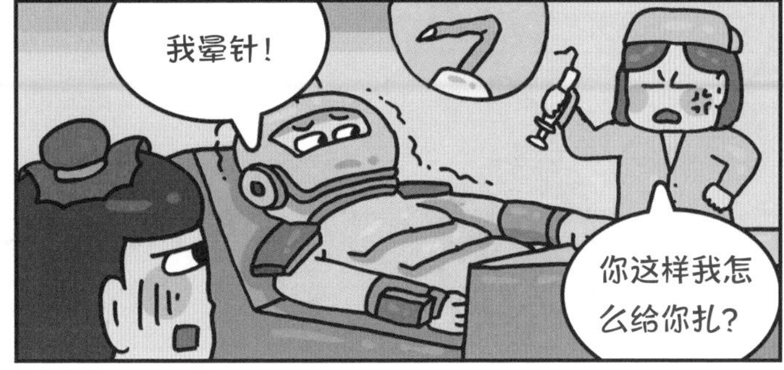
我晕针！
你这样我怎么给你扎？

铬元素对预防和治疗糖尿病有一定的作用，是人体生长发育离不开的元素。
你们不是很健康！
铬主要存在于人体骨骼、皮肤、大脑、肌肉和肾上腺中。
铬

我就是爱吃甜的、高热量的食物。

你少吃点吧，长期吃高热量、糖分含量高的食物很容易得糖尿病。

糖尿病?
糖尿病是全球范围内影响人数最为广泛的一种慢性病，科学家预计到 2050 年，全世界会有13 亿糖尿病患者。

糖尿病会导致血管、神经系统发生病变，心脏和肾脏、眼睛等器官也会受到损伤。

胰岛素是人体内唯一能降血糖的激素。

胰岛素

铅、镉、汞、砷、锡、氟等元素如果过量，会对人体健康有害。

铅中毒会导致胃肠疾病、神经衰弱、肌肉酸痛、休克。

汞中毒会导致视野缩小、听力下降、神经紊乱、全身麻痹、痉挛。

砷中毒会导致腹痛、恶心、呕吐、腹泻、头晕、头痛、呼吸困难。

有一些元素在被人体摄入后会在人体内积累，比如铅、镉、汞、砷、银、铝、铬等。在含量极低的情况下不会对身体健康造成影响。

蓄积性元素

但是这些元素不容易被排出体外，如果在体内储积浓度过高的时候就会对身体造成伤害，导致多种疾病，甚至会危及生命。

铁

肝脏、瘦肉、西红柿、油菜、芹菜、菠菜、杏、桃、李子、大枣、大豆、沙丁鱼

锌

扇贝、鲍鱼、瘦肉、肝脏、核桃、榛子、松子、开心果、牛奶、大豆、小米、大米、燕麦、荞麦、开心果

碘

海鱼、龙虾、贻贝、牡蛎、紫菜、海蜇、海参、加碘盐

钙

牛奶、虾皮、海参、芝麻、小麦、大豆、奶酪

镁

菠菜、苋菜、芹菜、黑米、高粱米、小米、黑芝麻、西瓜子、豆腐、豆干、大豆、蘑菇、金针菇

硒

牡蛎、扇贝、海米、海参、墨鱼、鸡蛋、鸭蛋、玉米、糯米、大麦、小麦、香菜、油菜、菠菜、大葱、白菜、紫薯、苹果、葡萄、金枪鱼

钠

食盐、酱油、海虾、海蟹、椰子、木瓜、哈密瓜、菠萝蜜

氟

茶叶、鱼、核桃、苹果

钾

木耳、蘑菇、黄豆、绿豆、黑豆、柠檬、柚子、橙子、西瓜、香蕉、芹菜、韭菜、菠菜、白菜、西红柿、土豆、茄子、豆角

铜

茶叶、猪肝、鸡肝、羊肾 、虾、扇贝、螃蟹、榛子、开心果、松子、核桃、小麦、玉米、大豆

锰

核桃、花生、麦芽、大豆、土豆、山药、红薯、芋头、小米、大米

铬

羊肝、猪肝、鸡肉、草莓、柑橘、菠萝、玉米、胡萝卜、青椒、青豆、土豆

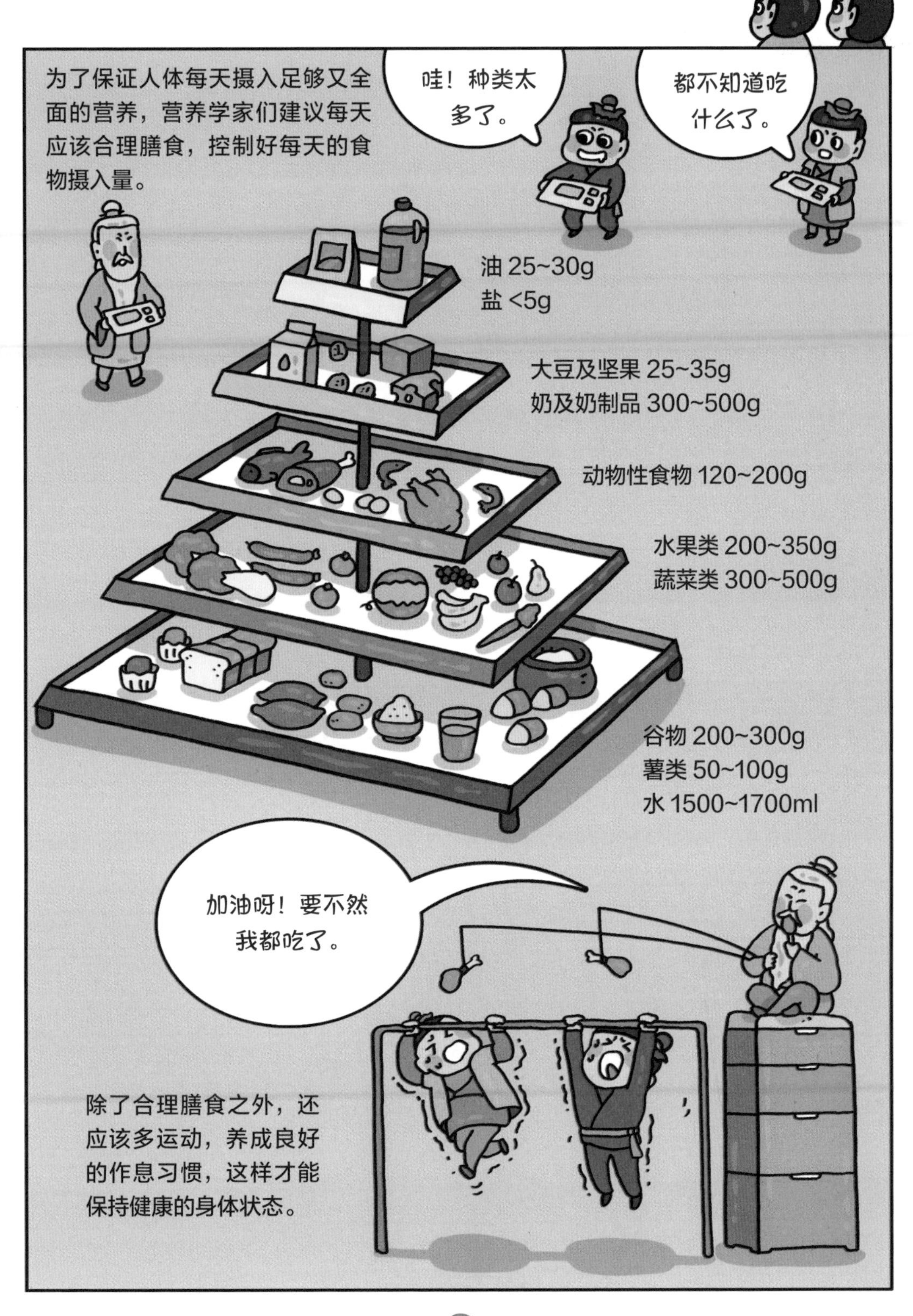
为了保证人体每天摄入足够又全面的营养，营养学家们建议每天应该合理膳食，控制好每天的食物摄入量。
哇！种类太多了。
都不知道吃什么了。
油 25~30g
盐 <5g
大豆及坚果 25~35g
奶及奶制品 300~500g
动物性食物 120~200g
水果类 200~350g
蔬菜类 300~500g
谷物 200~300g
薯类 50~100g
水 1500~1700ml
加油呀！要不然我都吃了。
除了合理膳食之外，还应该多运动，养成良好的作息习惯，这样才能保持健康的身体状态。